AF293475

Torsten Schneider

Kochen mit der Sonne
Konzeption eines einfachen Solarkochers und Durchführung eines Baukurses

Bachelor + Master
Publishing

Schneider, Torsten: Kochen mit der Sonne. Konzeption eines einfachen Solarkochers und Durchführung eines Baukurses, Hamburg, Diplomica Verlag GmbH 2011
Originaltitel der Abschlussarbeit: Entwicklung eines Low-Cost-Solarkochers und Konzeption eines Baukurses als Beispiel für außerschulische und kontextorientierte Vermittlung von Physik

ISBN: 978-3-86341-088-9
Druck: Bachelor + Master Publishing, ein Imprint der Diplomica® Verlag GmbH, Hamburg, 2011
Zugl. Technische Universität Dortmund, Dortmund, Deutschland, Bachelorarbeit, 2010

Bibliografische Information der Deutschen Nationalbibliothek:
Die Deutsche Nationalbibliothek verzeichnet diese Publikation in der Deutschen Nationalbibliografie;
detaillierte bibliografische Daten sind im Internet über http://dnb.d-nb.de abrufbar.

Die digitale Ausgabe (eBook-Ausgabe) dieses Titels trägt die ISBN 978-3-86341-588-4 und kann über den Handel oder den Verlag bezogen werden.

für Stefanie

Hinweis

Für die praktische Umsetzung der Ausführungen und Beschreibungen in dieser Arbeit sowie für daraus resultierende Schäden jeder Art übernehmen Autor und Verlag keine Haftung.

Inhaltsverzeichnis

0. Vorwort

Das Zeitalter der Industrialisierung bringt für die Menschheit viele Annehmlichkeiten. Zu nennen sind elektrischer Strom aus einem zuverlässigen Netz, Kraftfahrzeuge so wie Waren und Güter aus der ganzen Welt. Dabei wird jedoch meist vergessen, dass diese moderne Bequemlichkeit viele Probleme mit sich bringt. Das größte dieser Probleme ist der für die fortschreitende Erwärmung der Atmosphäre verantwortliche übermäßig hohe Ausstoß von Kohlenstoffdioxid, der die fotosynthetische Kapazität der Grünvegetation der Erde seit Jahrzehnten um ein Vielfaches übersteigt. Dazu kommt erschwerend hinzu, dass die Grünvegetation insgesamt schwindet. Diese Abnahme hat im wesentlichen zwei Ursachen, zum einen die Erwärmung der Atmosphäre selbst, die eine Austrocknung von Grünlandschaften wie z. B. Steppen bewirkt, andererseits durch menschliche Interaktion in Form von Rodung. Letztgenannter Effekt hat zur Folge, dass weltweit kontinuierlich Waldflächen verschwinden. So haben alleine in Afrika die Waldflächen zwischen 1980 und 1995 um ungefähr 10,5 % abgenommen (siehe [8], S. 210). In der jüngeren Vergangenheit wurden bereits einige Projekte zur Wiederaufforstung gerodeter Waldflächen initiiert, diese konpensieren die weltweite Bestandsabnahmerate zur Zeit jedoch nicht annähernd. Die CO_2-Konzentration in der Atmosphäre wird ebenfalls dadurch gesteigert, dass viele Menschen in den Entwicklungsländern Holz als Brennstoff benutzen, da sie davon abhängig sind (siehe [4], S. 11). Zur Zubereitung von Nahrung verwenden die meisten Naturvölker immer noch Brennholz, das täglich gesammelt werden muss. Da in der freien Natur immer weniger Brennholz direkt verfügbar ist, müssen die Menschen (in der Regel Frauen) mitunter 10 Kilometer und mehr zu Fuß zurücklegen, um genügend Holz zur Zubereitung einer Mahlzeit zu sammeln (siehe [4], S. 9).

Um diesen Problemen wirksam zu begegnen, wurde im Lauf des 20. Jahrhunderts nach alternativen Energiequellen gesucht. Dies führte zur Entwicklung von Solarkochern. Der Vorläufer der heute bekannten Parabolspiegelkocher wurde bereits im mittleren 19. Jahrhundert von Augustin Mouchot konstruiert. Er bestand aus einem konischen Spiegel, in dessen Drehachse ein Röhrenkollektor angebracht war, der Wasserdampf zum Betrieb einer Dampfmaschine erzeugte. Nach dieser Vorlage baute Mouchot einen kleinen Solar-Reisekocher, der die Zubereitung kleiner Gerichte für bis zu zwei Personen ermöglichte. Die ersten Experimente jedoch führte der Schweizer Horace de Saussure im 18. Jahrhundert durch und konstruierte darauf basierend die erste Kochkiste (siehe [2]. S. 15).

In den letzten Jahrzehnten haben sich weltweit zahlreiche Organisationen gegründet, die sich mit dem solaren Kochen beschäftigen und immer wieder neue Solarkocher konstruieren. In Deutschland sind EG SOLAR, ULOG, Solare Brücke und LAZOLA die bekanntesten Organisationen, wobei die in Paderborn ansässige LAZOLA-Initiative schwerpunktmäßig die Verbreitung des solaren Kochens betreibt. Wenngleich auch solche Initiativen die Multiplikation (siehe Kapitel 3.) der Idee des solaren Kochens propagieren, ist dies dennoch eine Tätigkeit, die jede Einzelperson und jede Kleingruppe ausüben kann, sei es in Form von Projekten, auf Vereinsebene oder ehrenamtlich in kleinerem Rahmen. Die Ausführung einer Funktion als Multiplikator erfordert selbstverständlich einige Vorkenntnisse. So muss der Multiplikator nicht nur die Funktionsweise und den Bau eines Solarkochers kennen, sondern darüber hinaus in der Lage sein, diese Kenntnisse weiter zu vermitteln und andere Menschen im Bau eines Solarkochers zu unterweisen.

Die vorliegende Arbeit beschreibt am Beispiel eines einfach strukturierten Low-Cost-Solarkochers, wie mit einfachen Mitteln und Materialien, die zumindest in den Industrienationen alltäglich sind, ein funktionierender Solarkocher hergestellt werden kann und beschreibt die Konzeption eines Baukurses für diesen Kocher, bei dem eine Lehrmethode aus dem Bereich der konstruktivistischen Didaktik Anwendung findet. Dadurch, dass den Rezipienten die Inhalte des Baukurses nicht in Form von Frontalunterricht präsentiert werden und sie nur Anweisungen ausführen, sondern sich diese Inhalte selbst erarbeiten und erschließen müssen, manifestiert sich das Gelernte besser im Gedächtnis. Die Rezipienten sind somit sicherer und trauen sich die Rolle als Multiplikator viel eher zu.

Nur, wenn möglichst viele Menschen und Initiativen mithelfen, lässt sich die Idee des solaren Kochens auch verbreiten.

1. Gegenstand und Ziel der Arbeit

Gegenstand der vorliegenden Arbeit ist die Entwicklung eines einfach aufgebauten Low-Cost-Solarkochers sowie Planung, Durchführung und Auswertung eines Baukurses zu diesem Solarkocher.

Der Solarkocher-Baukurs soll einen Einblick in das Funktionsprinzip eines Solarkochers geben und das Konstruktionsprinzip vermitteln, so wie die Teilnehmer darauf vorbereiten, die Kursinhalte weiter zu vermitteln.

1.1. Thematischer Inhalt

Der in dieser Arbeit vorgestellte Kocher zeichnet sich durch seine einfache Bauweise, sein geringes Gewicht und durch geringe Materialkosten aus. Letzter Aspekt resultiert unter anderem daraus, dass für den Bau nur wenig verschiedene Werkstoffe benötigt werden und diese auch in Form von gebrauchten Materialien verwendet werden können. Die einfache Bauweise ermöglicht einen unkomplizierten Zusammenbau und ein schnelles Aufstellen des Kochers. Die Einfachheit der Konstruktion ist damit begründet, dass jeder ihn bauen können soll, was für die weltweite Verbreitung und den universellen Einsatz unabdingbar ist.

Trotz seiner Einfachheit ist der Aufbau des Kochers nicht intuitiv und selbsterklärend, sondern muss erlernt werden. Diesen Zweck soll ein ebenfalls im Rahmen dieser Arbeit konzipierter Baukurs erfüllen, dessen Ziel nicht nur ist, den Zusammenbau des Solarkochers zu vermitteln, sondern auch, die Teilnehmer auf eine so genannte Multiplikatorfunktion vorzubereiten. Gemeint ist hiermit, dass die Kursteilnehmer sich zumindest zutrauen sollten, die Idee des solaren Kochens in ihrem persönlichen Umfeld zu verbreiten und anderen den Bau eines Solarkochers zu vermitteln. Um dieser gesellschaftlichen Rolle gerecht zu werden, ist es notwendig, die Inhalte des Baukurses mit eigenen Gedanken nachzuvollziehen. Dafür reicht es nicht aus, den Bau des Kochers nach Anleitung oder durch Erklärung gelernt zu haben, sondern erfordert die Arbeitsschritte durch Nachdenken und Überlegen weitgehend eigenständig zu entwickeln. Hier ist es ebenfalls sehr nützlich, wenn sich die Kursteilnehmer gegenseitig Hilfestellungen geben und einzelne Arbeitsschritte erklären. Diese Vorgehensweise ist dem Konzept 'Lernen durch Lehren' (LdL) entlehnt.

1.2. Die Umsetzung von Lernzielen des Studiums in der Arbeit

Das Studium im Modellversuch der gestuften Lehrerbildung beinhaltet unter anderem den Bereich 'Bildung und Wissen' (BiWi), zu dessen Lernzielen gemäß (BiWi-Broschüre) der Erwerb der fünf Schlüsselkompetenzen

- Kommunikationsfähigkeit

- Fremdsprachenkompetenz

- Medienkompetenz

- Umgang mit Verschiedenheit

- Beratung und Vermittlung (Praxisphasen)

zählt. Die vorliegende Arbeit beinhaltet zusätzlich zum fachwissenschaftlichen Thema und den fachdidaktischen Fragestellungen sowohl die Anwendung als auch (zumindest in Teilen) die Weitervermittlung dieser Schlüsselkompetenzen.

Die Anwendung der Kompetenzen erfolgt bei der Durchführung der Baukurse, die sich in mehreren Aspekten unterscheiden. Ein Unterschied betrifft die Zielgruppen der Baukurse. Der erste Kurs wurde mit Jugendlichen im Alter von 12 bis 14 Jahren, die verschiedene Schulen besuchen, durchgeführt. Keiner der Jugendlichen hat einen Migrationshintergrund. Einige der Jugendlichen verfügten bereits über Vorkenntnisse im Bereich Solarenergie oder haben sich bereits mit der Thematik des solaren Kochens beschäftigt.

Die Teilnehmer des zweiten Baukurses waren junge Erwachsene aus Deutschland, Ungarn und Weißrussland, die an einem Workcamp teilnahmen. In dieser Gruppe war das Spektrum der Heterogenität entsprechend groß. Die Workcamp-Teilnehmer aus Ungarn und Weißrussland sprachen kein Deutsch, konnten sich jedoch in Englisch gut verständigen. Dieser Sachverhalt erzwang und ermöglichte die Anwendung der Fremdsprachenkompetenz im Sinne der Benutzung der englischen Sprache inklusive Fachterminologie. Darüber hinaus wurde für die Erstellung der Arbeit englischsprachige Fachliteratur herangezogen. Der Umgang mit Verschiedenheit war im ersten Kurs insofern relevant, als dass unterschiedliche Vorkenntnisse zu berücksichtigen waren. Im zweiten Kurs waren als zusätzliche Aspekte die verschiedenen Nationalitäten sowie Unterschiede in der Einstellung gegenüber der Solarenergie und verwandten Themen zu berücksichtigen. Diese Faktoren machen es erforderlich, andere Herangehensweisen an das Thema des solaren Kochens in Betracht zu ziehen.

2. Der Solarkocher

Bisher sind drei Funktionsprinzipien von Solarkochern bekannt, das Reflektorprinzip, das Kistenprinzip und eine Kombination aus beidem. Entgegen dieser Überschaubarkeit ist die Vielfalt der Konstruktionstypen sehr groß. Sowohl das Spektrum der Komplexität von sehr einfach bis extrem kompliziert als auch die Spanne der Materialkosten von Beträgen im Bereich weniger Cent bis hin zu Größenordnungen von 10.000 € werden komplett ausgeschöpft.

2.1. Konstruktionstypen von Solarkochern

Die bisher verfügbare Literatur z. B. [2] beschreibt eine Vielzahl von Solarkocher-Typen. Um über die Vielfalt von Solarkochern einen Überblick zu geben, werden exemplarisch einige Bautypen skizziert.

Bei den Reflektorkochern ist zu unterscheiden zwischen Konzentrator und Sammler (Panel-Typ). Während der Konzentrator die parallel einfallenden Sonnenstrahlen mithilfe von Parabolspiegeln in einem Brennpunkt bündelt, in dem sich der Kochtopf befindet, reflektieren die Spiegelflächen des Sammlers das Sonnenlicht als Parallelstrahlen aus verschiedenen Richtungen auf das Kochgefäß.

Zu den Konzentratorkochern zählt auch der bekannteste Solarkocher, der von der EG SOLAR in Altötting entwickelte und auch in Serie gefertigte SK14 (Abb. 1).

Dieser Kocher besteht aus einem Parabolspiegel mit einem Durchmesser von 1,4 Metern, in dessen Brennpunkt der schwarze Kochtopf platziert ist. Mit 1,5 m² Kollektorfläche lässt sich eine Nutzleistung von bis zu 700 W erreichen. Die Leistung des SK14 reicht aus, um bis zu zehn Personen mit einer warmen Mahlzeit täglich zu versorgen. Dieser Solarkocher wird in vielen Entwicklungsländern sehr erfolgreich eingesetzt. Mit seinem Projekt 'rainsolar – Regenwald für jedes Kind' hat in den 90er Jahren der Entwicklungshelfer Matthias Seul diesen Kocher in Brasilien und auf den Philippinen zahlreich verbreitet.

Ein mit 2 m² Kollektorfläche noch leistungsstärker Parabolspiegelkocher ist der Papillon, dessen Spiegel fächerartig angeordnet sind, so dass der Kochtopf sehr einfach zu erreichen ist (Abb. 2).

Ein Beispiel für den Panel-Typ ist der Trichter-Kocher. Dieser Kocher wurde von dem amerikanischen Physiker Steven Jones konzipiert und durch Michael Bonke von der

Solarkochschule Rheinbach weiterentwickelt. Beim Trichter-Kocher bilden 12 bis 15 zu einem Kegel angeordnete Reflektorelemente einen Lichtsammler, der die Sonnenstrahlung zum Zentrum lenkt und verstärkt. Da die Reflektorelemente planar sind und kein Paraboloid bilden, besitzt der Trichter-Kocher nicht die entsprechende Eigenschaft eines Konzentrators (Abb. 3).

Ein weiterer Konstruktionstyp ist der Boxkocher, auch Kochkiste oder Kochbox genannt. Dieser Typ kommt ohne Reflektoren aus und nutzt den Treibhauseffekt zur Gewinnung von Wärme aus Sonnenstrahlung. Die Kochkiste besteht aus einer Außen- und einer Innenwanne, deren Zwischenraum mit einer Isolation ausgekleidet ist. Die Eintrittsfläche für die Strahlung bildet ein Deckel in Gestalt eines doppelt verglasten Fensters. Ein Beispiel für einen Boxkocher ist der von Jo Hasler entwickelte LAZOLA 3, der speziell auf die manuelle Endmontage im Entwicklungsland ausgerichtet ist (Abb. 4).

Beim im Kurs verwendeten Modell handelt es sich um einen Panel-Kocher, der aus vier Reflektoren in der Form eines spitzwinkligen Dreiecks besteht, die zu einer spitzen Pyramide angeordnet sind. Diese Reflektoren leiten das einfallende Sonnenlicht in Richtung der Spitze dieser Pyramide, in deren Nähe das Kochgefäß platziert wird (Abb. 5). Ein erfolgreicher Garprozess setzt besondere Eigenschaften des Kochgefäßes voraus. So ist eine mattschwarze Lackierung erforderlich, um möglichst viel Strahlung zu absorbieren. Die schwarze Farbe darf keine toxischen Stoffe enthalten, da diese sonst in das Kochgut diffundieren könnten. Das Gefäß muss zudem in ein bis zwei Schichten Bratschlauchfolie verpackt werden, die als Wärmedämmung dient (Abb. 6).

Die Materialien, aus denen der Kocher besteht, befinden sich in den Industrienationen im alltäglichen Gebrauch, sind dort einfach zu beschaffen und kosten nur geringe Beträge. Die Industrienationen profitieren in sehr hohem Maß von den Entwicklungsländern, indem sie viele der dort erzeugten Produkte importieren. Als Beispiel seien Kaffee, Bananen und Kakao genannt. Kommen beim Bau von Solarkochern nun Materialien zum Einsatz, die in Entwicklungsländern unbekannt sind, dann hat dies den Effekt, dass die Menschen dort neue Werkstoffe kennen lernen und so auch Güterverkehr in der Gegenrichtung statt findet. Aufgrund der viel zu niedrigen Erzeugerpreise für die meisten Güter aus Entwicklungsländern und der damit verbundenen geringen Löhne ist es notwendig, in der so genannten Dritten Welt bezahlbare Solarkocher anzubieten.

Dem finanziellen Aspekt kommt für die Verbreitung dieses Kochertyps in Entwicklungsländern eine tragende Rolle zu, da ein Solarkocher kein Luxusgut oder

Statussymbol für (relativ) wohlhabende Familien sein darf, sondern für alle bedürftigen Menschen in den Zielregionen bezahlbar sein muss.

An die Konstruktion werden ebenfalls gewisse Anforderungen gestellt. Ein Solarkocher sollte leicht, gut zu verstauen und einfach aufzubauen sein.

In Entwicklungsländern liegt häufig die Situation vor, dass große Familien in kleinen Häusern oder Hütten auf engstem Raum zusammen leben, daher steht für die Zubereitung der Mahlzeiten in der Regel sehr wenig Zeit zur Verfügung. Diesem Faktor soll mit dem in der vorliegenden Arbeit behandelten Modell in möglichst großem Umfang Rechnung getragen werden. Ein diesbezüglich besonders hilfreiche Eigenschaft ist, dass der Kochvorgang nicht beaufsichtigt werden muss. Allerdings sollte der Kocher in Abständen von 30 bis 40 Minuten der Sonne nachgeführt werden.

2.2. Die Konstruktion

Für den Bau des Solarkochers werden nur Materialien benutzt, die zumindest in den Industrienationen im alltäglichen Leben zu finden sind und deren Beschaffung dem gemäß unproblematisch ist. Zudem sind die Materialien nicht teuer.

Folgendes Material wird für den Bau des Kochers benötigt:

- 2 Bögen Wellpappe 118cm * 78cm (Maße variabel)

- 1 Rettungsdecke 210cm * 160cm

- Flüssigkleber (alternativ: doppelseitiges Klebeband), besser: Sprühkleber

- Textilklebeband (Panzerband)

- Paketschnur

- 4 Vielzweckklemmen (Papierklemmen)

Zum Kochen wird benötigt:

- Bratschlauchfolie

- Kochtopf (mattschwarz lackiert)

Erforderliches Werkzeug:

- Cutter-Messer

- Bleistift

- Schere

- ggf. Briefbeschwerer oder Kieselsteine

- ggf. Notiz-Klebeband (leicht ablösbar)

Zwar wurden in den Kocher-Baukursen aus organisatorischen Gründen fertige Wellpappbögen benutzt, statt dessen kann auch Wellpappe in Form von ausgedienten Verpackungen für Möbel oder ähnliches benutzt werden. Dies würde auch die Umsetzung der Idee, Verpackungsabfall wieder zu verwenden, fördern.

Der folgende Abschnitt erhebt nicht den Anspruch, eine verbindliche Bauanleitung für den Solarkocher zu sein, sondern dient als Beschreibung der Arbeitsschritte, wie sie bei der Anfertigung der Prototypen im Rahmen der Entwicklung des Kochers ausgeführt wurden.

Zuerst werden die beiden Wellpappbögen so zugeschnitten, dass daraus zwei Wandelemente entstehen, die die Form eines spitzen gleichschenkligen Dreiecks haben (Abb. 10). Gleichzeitig entstehen dabei zwei Reststücke (Abb. 11), die jeweils kongruent sind zu einem halben Wandelement. Diese Reststücke sind kein Abfall, sondern werden zu einem weiteren Wandelement zusammengesetzt (Abb. 13). Dies geschieht mithilfe von kurzen Streifen (ca. 10 bis 15 cm) des Textilklebebandes.

Die Wandelemente werden im nächsten Schritt mit der Rettungsdecke beklebt. Dabei ist darauf zu achten, dass die reflektierende Schicht (silbern) außen liegt (Abb. 7). Dies geschieht mit Flüssig- oder Sprühkleber bzw. mit doppelseitigem Klebeband.

Die ersten zwei Arbeitsschritte können auch vertauscht werden, was sich sehr empfiehlt, da sich die Rettungsdecke dann leichter schneiden lässt und weniger reißt. Die Bögen sollten in diesem Fall idealerweise so platziert werden, dass sie an den kurzen Seiten der Rettungsdecke gleich weit überstehen. Die dadurch frei bleibenden Flächen können später mit zugeschnittenen Bahnen oder Reststücken aus dem Material der Rettungsdecke beklebt werden (Abb. 8).

Der folgende Arbeitsschritt besteht darin, die vier Wandelemente miteinander zu verbinden. Dazu werden die Elemente mit der reflektierenden Fläche nach unten fächerförmig nebeneinander gelegt (Abb. 14). Es ist sehr wichtig, zwischen benachbarten Wandelementen einen Abstand von zwei bis drei Zentimetern zu halten, da sich der fertige Solarkocher sonst nicht zusammenfalten lässt. Die Verbindungen der Wandelemente lässt sich sehr gut mit Panzerband bewerkstelligen, das in vier bis sechs Streifen von zehn bis 15 Zentimetern Länge quer zum Verlauf der Kanten aufgeklebt wird. Das Klebeband muss durch Gegendruck möglichst fest mit der Wellpappe verbunden werden, da sonst die gewünschte Stabilität der Verbindungen nicht gewährleistet ist.

2.3. *Die physikalischen Aspekte des Solarkochers*

Bei der Nutzung von Sonnenenergie zur Zubereitung von Nahrung wird von drei Effekten Gebrauch gemacht: der Absorption von Wärmestrahlung, der Umwandlung von elektromagnetischer Strahlung geringerer Wellenlängen (und damit höheren Energien) in längerwellige Infrarotstrahlung sowie von der Wärmestauung durch Isolation, wodurch eine Konvektion der erwärmten Luft bewirkt wird.

Absorption wird durch die schwarze Oberfläche des Kochgefäßes erreicht. Gemäß [3] sind zwei Arten von Infrarotstrahlung zu unterscheiden: das ferne Infrarot (wird von der Atmosphäre stark absorbiert), das mittlere (thermische) Infrarot und das nahe (fotografische) Infrarot. Für die Gewinnung von Wärme durch Absorption ist die thermische Infrarotstrahlung im Wellenlängenbereich zwischen 3.000 und 50.000 nm relevant. Die fotografische Infrarotstrahlung dagegen, die im Wellenlängenbereich von 780 bis 1450 nm liegt, ist nur indirekt in Wärme umwandelbar. Sie muss vorher in das thermische Infrarot mit größerer Wellenlänge umgewandelt werden. Dies geschieht bei dem Kocher, auf den sich die vorliegende Arbeit bezieht, im Bereich zwischen der Bratschlauchfolie und dem Kochgefäß. In diesem Bereich tritt auch der Wärmestau ein, der den Wirkungsgrad des Kochers deutlich steigert.

Die Ursache für den Wärmestau ist die geringe Durchlässigkeit der Bratschlauchfolie für die thermische Infrarotstrahlung. Die fotografische Infrarotstrahlung hingegen dringt in das Innere der aus dem Bratschlauch gebildeten Kammer ein und wird an der schwarzen Oberfläche des Kochgefäßes in langwellige thermische Infrarotstrahlung umgewandelt, die die Kammer nicht mehr verlassen kann.

Zum Berechnen des zeitlichen Temperaturverlaufs im Kochtopf wird zunächst die thermodynamische Energiebilanz aufgestellt (siehe [4], S. 44 -47). Sie stellt vereinfacht die genutzte Heizleistung der einfallenden Strahlungsleistung der Sonne und dem Leistungsverlust gegenüber:

$$\dot{Q}_H = \dot{Q}_{ein} - \dot{Q}_V$$

Hierbei ist $\dot{Q}$ die Wärmeleistung, die einen thermischen Energiefluss darstellt und gemäß

$$\dot{Q} = mc_p \frac{d\vartheta}{dt}$$

definiert ist, wobei m die Masse des erwärmten Körpers (hier des Kochguts einschließlich Gefäß) und c_p dessen spezifische Wärmekapazität ist. Die einfallende Strahlungsleistung beträgt

$$\dot{Q}_{ein} = P_{Global}(1 - \varphi)\,\tau\,\alpha\,\beta\,\rho\,A_{Kollektor}$$

mit

P_{global}	Strahlungsleistung der direkt einfallenden globalen Sonnenstrahlung in Wm^{-2}
φ	Pyranometrischer (diffuser) Anteil der globalen Sonnenstrahlung
τ	Transmissionskoeffizient der Bratschlauchfolie
α	Absorptionskoeffizient des Kochgefäßes
β	Baugenauigkeit des Reflektors; beträgt wegen Wölbungen und ggf. Defekten der Rettungsdecke geringfügig weniger als 1
ρ	Reflexionskoeffizient des Reflektors, Verhältnis von reflektierter zu auftreffender Strahlung
$A_{Kollektor}$	Offene Fläche des Kollektors in m^2

Der einfallenden Strahlungsleistung stehen die thermischen Verluste des Kochtopfes entgegen, die durch die Oberfläche des Topfes A_{Topf} und den Wärmedurchgangskoeffizienten U bestimmt:

$$\dot{Q}_V = U\,A_{Topf}\left(\vartheta_{Topf} - \vartheta_{Umgebung}\right)$$

Mit diesen drei Gleichungen lässt sich die Differentialgleichung für die Temperatur im Kochgefäß aufstellen:

$$mc_p \frac{d\vartheta_{Topf}}{dt} = P_{global}\,A_{Kollektor}(1 - \varphi)\,\tau\alpha\beta\rho - U\,A_{Topf}\left(\vartheta_{Topf} - \vartheta_{Umgebung}\right)$$

Für diese Differentialgleichung lässt sich die Berechnung der Lösung vereinfachen, wenn statt der Temperatur im Topf die Differenz zur Umgebungstemperatur

$$\theta := \vartheta_{Topf} - \vartheta_{Umgebung}$$

eingesetzt wird:

$$\frac{d\theta}{dt} = \frac{P_{global}\, A_{Kollektor}\,(1-\varphi)\,\tau\alpha\beta\rho}{mc_p} - \frac{U\, A_{Topf}}{mc_P}$$

Mit dem Exponentialansatz ergibt sich als Lösung

$$\theta(t) = \frac{P_{global}\, A_{Kollektor}\,(1-\varphi)\,\tau\alpha\beta\rho}{U\, A_{Topf}}\left(1 - e^{-\frac{U\, A_{Topf}}{mc_p}t}\right)$$

Diese Lösung lässt sich nun wieder zurückführen auf

$$\vartheta_{Topf}(t) = \frac{P_{global}\, A_{Kollektor}\,(1-\varphi)\,\tau\alpha\beta\rho}{U\, A_{Topf}}\left(1 - e^{-\frac{U\, A_{Topf}}{mc_p}t}\right) + \vartheta_{Umgebung}$$

Für die Kochzeit ergibt sich durch Umstellen der Gleichung nach t

$$t_{Koch} = -\frac{mc_p}{U\, A_{Topf}} \ln\left(\frac{U\, A_{Topf}}{P_{global}\, A_{Kollektor}\,(1-\varphi)\,\tau\alpha\beta\rho}\left(100°C - \theta_{Umgebung}\right)\right)$$

Ein weiterer wichtiger Parameter eines Solarkochers ist die Stillstandstemperatur, die als die Temperatur definiert ist, bei der die thermischen Verluste mit der einfallenden Strahlungsleistung identisch sind. Dies entspricht dem theoretischen Fall

$$t = \infty$$

woraus folgt:

$$e^{-\frac{U\, A_{Topf}}{mc_p}t} = 0$$

Damit wird

$$\vartheta_{Stillstand} = \frac{P_{global}\, A_{Kollektor}\,(1-\varphi)\,\tau\alpha\beta\rho}{U\, A_{Topf}} + \vartheta_{Umgebung}$$

bzw.

$$\theta_{Stillstand} = \frac{P_{global}\,A_{Kollektor}\,(1-\varphi)\,\tau\,\alpha\,\beta\,\rho}{U\,A_{Topf}}$$

für die Messung der Temperaturcharakteristik des Kochers wurde ein schwarz lackiertes Metallgefäß mit Spannverschlussdeckel benutzt, das mit Wasser gefüllt wurde. Die einfallende Strahlungsleistung wird auf 1000 Wm^{-2} geschätzt; eine präzise Messung der Strahlungsleistung war aus technischen Gründen nicht möglich.

Mit der Transformation

$$\theta_{Topf}(t) = \vartheta_{Topf}(t) - \vartheta_{Umgebung}$$

und einer Vereinfachung durch die Einführung eines Kochgefäßparameters

$$K := \frac{U\,A_{Topf}}{m c_p}$$

lässt sich für den Temperaturverlauf im Kochgefäß folgende reduzierte Funktion aufstellen:

$$\vartheta_{Topf}(t) := \theta_{Stillstand}\left(1 - e^{-Kt}\right) + \vartheta_{Umgebung}$$

Da die Umgebungstemperatur $\vartheta_{Umgebung}$ gemessen wurde und somit bekannt ist, müssen nur noch die Stillstandtemperatur und der Kochgefäßparameter K bestimmt werden. Dies erfolgt aus den Messdaten mittels Regressionsanalyse. Der Kochgefäßparameter ist sinnvoll, da die Masse des Kochguts in der Regel nur gering variiert.

Es wurden zwei Messungen durchgeführt. Zuerst wurde der Temperaturverlauf der im Bratschlauch eingeschlossenen Luft gemessen, woraus sich nach 45 Minuten eine Temperatur von bis zu 110,4°C ergab. Durch Extrapolation der gemessenen Werte ergibt sich eine Stillstandtemperatur von 175,3°C ± 6,81°C, die sich nach 10 Stunden einstellen würde.

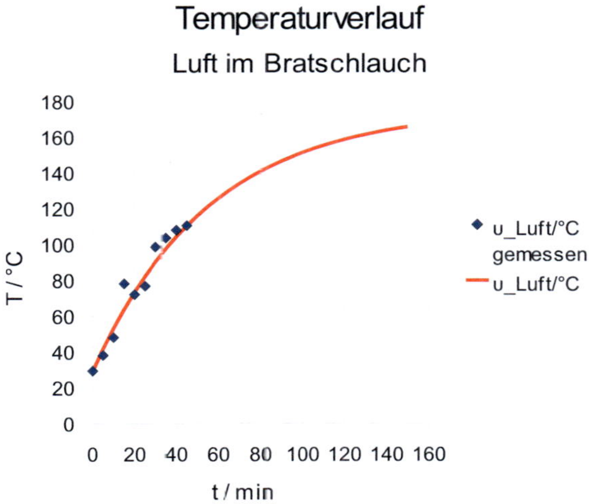

Für die Kochgefäßkonstante wurde ein Wert von K=0,018 s^{-1} ermittelt.

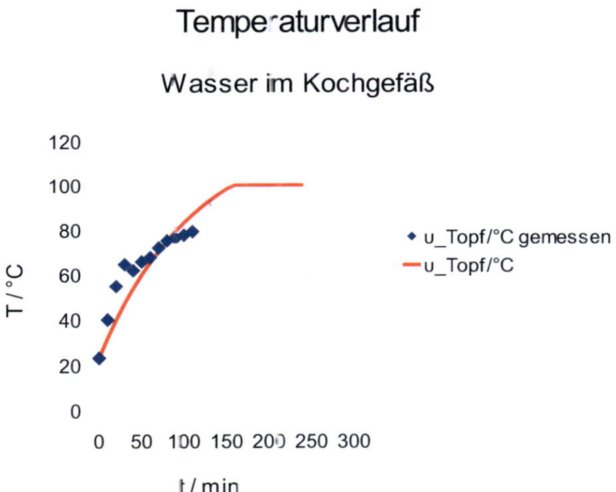

Anschließend wurde die zeitliche Entwicklung der Temperatur in einem Metallgefäß mit Wasser gemessen.

Der Temperatursprung zwischen t=30 min und t=40 min resultiert daraus, dass n diesem Zeitintervall der Messung der Kocher aufgrund von Schattenschlag versetzt werden musste. Bei dieser Versetzung verrutschte das im Kochgefäß angebrachte Thermometer.

Da das Wasser im Gefäß eine deutlich höhere Wärmekapazität besitzt als die Luft n der Umgebung, ist dessen Temperatur entsprechend geringer und die Zeit bis zum Erreichen der Stillstandtemperatur größer. Da Wasser bei 100°C siedet und die Siedetemperatur bis zum vollständigen Verdampfen der vorhandenen Wassermenge konstant bleibt, ist die Stillstandtemperatur für Wasser mit der Siedetemperatur identisch. Dies gilt dem gemäß für jedes Kochgut.

3. Die Konzeption des Baukurses für den Solarkocher

Der Baukurs für den Solarkocher bedient sich der hermeneutischen Methode, einem didaktischen Prinzip, das auf dem Konzept des Konstruktivismus basiert. Die Teilnehmer sollen durch Nachdenken und Überlegen die einzelnen Arbeitsschritte weitgehend selbst entwickeln und dadurch das Hauptziel des Kurses, nämlich den Bau des Kochers, selbst erarbeiten. Die Kursteilnehmer wenden hierbei bereits vorhandenes Wissen an, um einzelne Arbeitsschritte auszuführen, reflektieren ihr Vorgehen und knüpfen den jeweils folgenden Arbeitsschritt daran an. Dieses Vorgehen kann als Schritt vom Gesamt- zum Detailverständnis angesehen werden (vergl. [1], S. 27).

Das Erlernen des Baus von Solarkochern ist ein Beispiel für das so genannte situierte Lernen. Mikelskis beschreibt in [10], S. 104-105 dieses Prinzip, welches er mit der Benutzung von Werkzeug vergleicht: Wenn der Benutzer eines Werkzeugs dieses nicht handhaben kann, ist das Werkzeug nutzlos. Übertragen auf den Solarkocher-Baukurs, der eine Situation der außerschulischen Vermittlung darstellt, bedeutet dies, dass das dort vermittelte Wissen nur dann nachhaltig vermittelbar ist, wenn es an einer konkreten Situation erworben wird. Der Bau eines Solarkochers stellt eine solche Lernsituation dar, die ein Beispiel für das situierte Lernen ist.

Diese Variante des Lernens ist besonders für das Lernziel der Multiplikation vorteilhaft. Multiplikation bedeutet in diesem Kontext die Weitervermittlung des Wissens und der Fertigkeiten, die im Baukurs erworben wurden. Damit verbunden ist auch, dass der Kursteilnehmer selbst Solarkocher-Baukurse durchführt und anderen Rezipienten den Bau eines Solarkochers dieser Art vermittelt. Es muss sich in einem durch den Multiplikator durchgeführten Kurs also nicht exakt um das Modell handeln, das in dieser Arbeit behandelt wird. Dies setzt jedoch voraus, dass der Multiplikator die Funktionsweise eines Solarkochers kennt und sie erläutern kann. Ebenso müssen die Bestandteile eines Solarkochers und deren Zusammenwirken bekannt sein.

Die Fertigkeit, Solarkocher weiterer Kategorien zu bauen, wäre ein wünschenswertes Ziel, setzt jedoch tiefer gehende Kenntnisse des Themas sowie deutlich mehr als das hier erforderliche handwerkliche Geschick voraus.

3.1. Ziele des Baukurses

Jeder Teilnehmer des Baukurses soll nach seiner Teilnahme folgendes können:

- die physikalischen Prinzipien der Nutzung von Sonnenenergie zur Nahrungsmittelzubereitung verstehen und grob reproduzieren

- das im Kurs gebaute Solarkocher-Modell selbst bauen

- den Bau dieses Solarkochers anderen vermitteln

Diese Lernziele lassen sich am einfachsten erreichen, wenn die Kursteilnehmer die einzelnen Arbeitsschritte weitestgehend selbständig reflektieren, statt nach einer vorgefertigten Bauanleitung vorzugehen.

Obwohl die Konstruktion des Kochers an sich sehr einfach ist, beinhaltet sie einige Details, die nicht sofort ersichtlich sind und deren Verstehen etwas Überlegung erfordert. Exemplarisch wird an dieser Stelle auf die zum Falten des Kochers notwendigen Abstände zwischen den Reflektorelementen verwiesen.

3.2. Durchführung und Auswertung

Das Konzept des Baukurses wurde an zwei Versuchsgruppen erprobt. Die erste Versuchsgruppe bestand aus acht Jugendlichen im Alter von 12 bis 14 Jahren und unterschiedlichem Vorkenntnisstand. Die zweite Gruppe wurde aus 28 jungen Erwachsenen gebildet, die im Rahmen eines internationalen Austauschprogramms an einem Workcamp zum Thema erneuerbare Energien teilnahmen. Die Campteilnehmer kommen aus drei Nationen, nämlich Deutschland, Ungarn und Weißrussland. Ein weiterer Aspekt ist, dass sie unterschiedliche Ausbildungen haben bzw. verschiedene Fächer studieren. Dem gemäß war diese Gruppe wesentlich heterogener als die erste Versuchsgruppe.

Der Solarkocher-Baukurs mit den Jugendlichen fand im Maximilianpark (Maxipark) Hamm/Westfalen statt, einem Familienpark auf dem Gelände der ehemaligen Zeche Maximilian. Seit wenigen Jahren beschäftigt sich der Park nicht nur versorgungstechnisch, sondern auch thematisch mit erneuerbaren Energien. In diesem Rahmen wurden das Schülerlabor MaxiLab und ein so genanntes grünes Klassenzimmer eingerichtet. Letzteres wird sowohl Schulklassen als auch offenen Jugendgruppen mit pädagogischer Begleitung zur Verfügung gestellt. In diesem aus einer Holzhütte bestehenden und ähnlich wie ein regulärer Klassenraum eingerichteten Zimmer fand der Baukurs mit den Jugendlichen statt. Es stand eine Tischgruppe aus vier Tischen in der jeweiligen Größe einer Schulbank zur Verfügung. Die Kursteilnehmer haben in einer Gruppe gearbeitet und die Arbeitsschritte im fliegenden Wechsel gemäß dem Platzangebot ausgeführt.

Verlaufsplan des Baukurses:

Zeit	Phase	Sozialform
30 min.	Vorstellungsrunde und Einführung in das Thema. Die Teilnehmer werden nach Ideen gefragt, warum Solarkocher gebaut werden.	Unterrichtsgespräch
20 min.	Teilnehmer zeichnen auf, wie sie sich den im Kurs zu bauenden Kocher vorstellen. Teilnehmer füllen Fragebogen 1 aus.	Einzelarbeit
10 min.	Der Kursleiter zeigt einen fertigen Kocher; die Teilnehmer schauen sich das Konstruktionsprinzip an.	Frontalunterricht
6 h (mit Pausen)	Bauphase: die Teilnehmer bauen den Kocher, erschließen die einzelnen Arbeitsschritte dabei durch Überlegen selbst. Bei Unklarheiten oder Schwierigkeiten erfolgt Hilfestellung durch den Kursleiter.	Gruppenarbeit
10 min.	Demonstration der Aufstellung und Ausrichtung und Bedienung des Kochers.	Frontalunterricht
15 min.	Die Teilnehmer füllen den Fragebogen 2 aus.	Einzelarbeit

Die Kursteilnehmer schauten sich an einem fertigen Solarkocher dessen Aufbau an. Entgegen den Erwartungen erkannten die Teilnehmer eigenständig Probleme und fanden auch entsprechende Lösungen. So kamen ihnen beispielsweise die Idee, den Kocher mit gekreuzten Schnüren zu stabilisieren. Diese Methode zur Stabilisierung des aufgestellten Kochers wurde zwar bereits bei der Entwicklung mit berücksichtigt, jedoch den Teilnehmern im Baukurs nicht erklärt. Weiterhin konnten sie ohne Hilfestellung die Mitte der kurzen Seite des Wellpappebogens ermitteln, indem sie eine Schnur zu Hilfe nahmen. Dazu maßen sie den Bogen mit der Schnur ab, legten diese in der Mitte zusammen und zeichneten das so ermittelte Maß am Bogen an. Weiterhin berücksichtigten die Teilnehmer die Zusammenfaltbarkeit des Kochers und ließen beim Zusammenkleben der Seitenteile genügend Abstand. Des Weiteren fanden die Teilnehmer eine Möglichkeit Flüssigkleber einzusparen, indem sie statt einer wellenförmigen Klebstoffspur breite Bahnen des Klebstoffs auftrugen.

Die Idee, die Teilnehmer ihre eigenen Vorstellungen von einem Solarkocher aufzeichnen zu lassen, stammt von Dorothe Baumeister, die einen Solarkocher-Baukurs bei der LAZOLA-Initiative pädagogisch begleitet hat. Beim Zeichnen des Kochers nach eigenen Vorstellungen zeigten die Teilnehmer, dass sie bereits über Vorkenntnisse verfügten. Die Ideen waren verschiedenartig. Die Zeichnungen ließen erkennen, dass die Teilnehmer bereits unterschiedliche Varianten von Solarkochern kennen gelernt hatten. Es zeichnete sich ab, dass das Prinzip des Parabolspiegels am geläufigsten war.

Erwähnenswert ist zudem, dass die Teilnehmer gemeinsam an allen Kochern arbeiteten, anstatt dass jeder seinen eigenen Kocher baute. Dadurch wurde die Gruppendynamik gefördert.

Der zweite Baukurs, der für diese Arbeit evaluiert wurde, fand im auf dem Ponyhof in Werl-Hilbeck nahe Hamm/Westfalen statt. Im Rahmen eines trinationalen Jugendbegegnungsprojekts nahmen dort 30 junge Menschen (vorwiegend Studenten) aus Deutschland, Ungarn und Weißrussland an einem Workcamp teil, in welchem die Themen Energie und Umwelt in Gruppenprojekten behandelt wurden. Eines dieser Projekte bestand darin, auf einem der Gebäude des Ponyhofs eine Solarthermie-Anlage zu installieren. Daher war davon auszugehen, dass die Teilnehmer des Workcamps bereits über Vorkenntnisse bezüglich der Gewinnung von Wärme aus Sonnenstrahlung verfügen. Beruhend auf dieser Annahme wurde auf eine ausführliche Einführung in das Thema Solarthermie verzichtet. Die thematische Einführung konnte daher relativ kurz erfolgen.

Für die Durchführung des praktischen Teils wurden die Workcamp-Teilnehmer in vier Gruppen aufgeteilt. Dabei wurde auf eine gleichmäßige Verteilung der Nationalitäten geachtet, was für den interkulturellen Austausch förderlich ist. Mit dieser Maßnahme wurde auch die Kommunikation in englischer Sprache gefördert.

Der Verlauf des Baukurses:

Zeit	Phase	Sozialform
30 min.	Vorstellung des Kursleiters durch den Betreuer des Workcamps. Ausfüllen des 1. Fragebogens.	Frontalunterricht Einzelarbeit
2 h	Einteilung der Arbeitsgruppen. Die Kursteilnehmer bauen in Gruppenarbeit die Kocher. Im Bedarfsfall erfolgt Hilfestellung durch den Kursleiter. Einzelne Teilnehmer stellen Fragen zur Handhabung des Kochers.	Gruppenarbeit
30 min.	Abschlussbesprechung und Ausfüllen des 2. Fragebogens.	Gruppengespräch und Einzelarbeit

Auch die Teilnehmer dieses Baukurses haben anhand eines fertigen Kochers und den bereitgestellten Materialien die einzelnen Arbeitsschritte selbst rekonstruiert, so dass die Bauphase ohne große Probleme verlief. Im Verlauf der Bauphase zeigte sich, dass einige Teilnehmer bei der Platzierung der Wellpappbögen auf den Rettungsdecken die Vorgehensweise dahingehend änderten, dass sie statt vier nur drei Bögen auf einer Folie platzierten. Dies führte zwar zwangsläufig zu einem größeren Verschnitt bei der Folie, dafür waren jedoch alle Bögen vollständig bedeckt und es war keine Bestückung mit Reststücken notwendig.

Darüber hinaus war zu beobachten, dass eine Arbeitsgruppe eine alternative Maßnahme zur Stabilisierung der zusammengesetzten Reflektorelemente fand. Anstatt die Mittelnähte wie bei der Konzeption des Kochers vorgesehen auf beiden Seiten mit Textilklebeband zu fixieren, brachten die Kursteilnehmer zusätzlich zu den Klebestreifen kurze Zweige eines Strauches an den Außenseiten an (Abb. 9).

Eine andere Gruppe fertigte ihren ersten Kocher nur aus einteiligen Reflektorelementen an, den zweiten nur aus zweiteiligen. Dieser Kocher erwies sich als besonders formflexibel, aber auch als sehr instabil.

Als Instrumente für die Auswertung der Baukurse wurden zwei Fragebögen eingesetzt. Der erste Fragebogen wurde von den Teilnehmern vor Beginn des Kurses ausgefüllt und erfasst Angaben zu den Erwartungen des Teilnehmers sowie zu dessen Motivation, am Baukurs teilzunehmen. Der zweite Fragebogen beinhaltet Fragen zum persönlichen

Eindruck des Teilnehmers vom Kurs und auch vom Kursleiter, zum Einfluss des Kurses auf den Berufswunsch des Teilnehmers und auch in Bezug darauf, ob der Teilnehmer sich die Rolle als Multiplikator zutraut.

Da die Befragung anonym durchgeführt wurde, enthalten beide Fragebögen Fragen zu Alter und Geschlecht; dadurch wird eine entsprechende Zuordnung der Daten bei der Auswertung vereinfacht.

Die erhobenen Zahlenwerte der Altersstrukturen werden für beide Kurse gemeinsam in einem Diagramm aufgetragen, so dass direkte Vergleich zwischen den Kursen möglich sind.

Die Verteilungen der Geschlechter in den Kursen war verschieden. Während am Baukurs für Jugendliche (Kurs Maxipark) ausschließlich Jungen teilnahmen, war das Verhältnis der Geschlechter in Baukurs für junge Erwachsene (Kurs Hilbeck) mit 15 männlichen und 13 weiblichen Teilnehmern relativ gut ausgewogen.

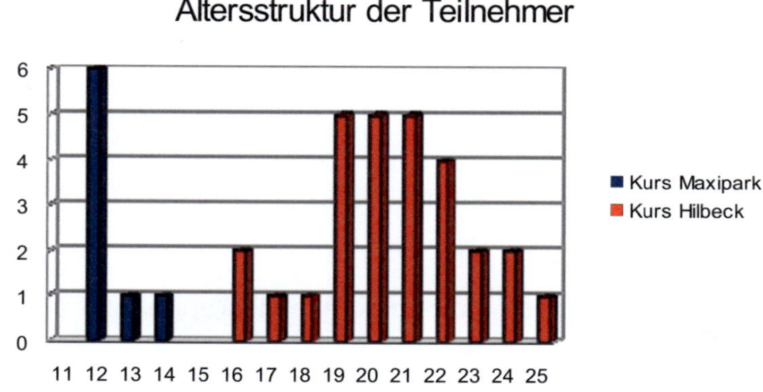

Die Verteilung der Berufe und Studienrichtungen bei den Teilnehmern in Hilbeck war sehr breit gefächert. Studenten der Sozialarbeit, der Psychologie, der Medizin und des Bauingenieurwesens waren ebenso vertreten wie auch Lokführer, Bauarbeiter, Absolventen des Freiwilligen Sozialen Jahres und auch Erwerbslose. Die Teilnehmer des Baukurses im Maxipark waren schon alleine altersbedingt ausschließlich Schüler (Diagramm 2).

Die Antworten auf die Frage 'Was hat dich dazu bewegt, an diesem Solarkocher-Baukurs teilzunehmen?' nannten die Teilnehmer verschiedene Gründe wie z. B. allgemeines Interesse am Thema, Freude an Kommunikation in der Arbeitsgruppe oder die Motivation, an der Rettung der Welt mitzuarbeiten. Die Antworten auf diese Frage lassen sich in die fünf Kategorien

- Interesse am Thema

- Solarkocher bereits in der Schule gebaut

- Welt retten

- Kommunikation, Freunde

- sonstiges

einteilen.

Den Diagrammen ist zu entnehmen, dass sowohl bei den Jugendlichen als auch bei den jungen Erwachsenen ein ausgeprägtes allgemeines Interesse an der Thematik des solaren Kochens bestand. Unter dem Punkt 'sonstiges' sind von den Jugendlichen auch diejenigen erfasst, die sich durch die Ankündigung des Baukurses im Veranstaltungsprogramm des Maxiparks angesprochen fühlten und deren Interesse auf diesem Weg geweckt wurde. Daraus lässt sich schließen, dass eine ansprechende Öffentlichkeitsarbeit einen wesentlichen Beitrag leistet, Jugendliche an bestimmte Themen heran zu führen, was insbesondere auf dem Gebiet der Umweltbildung, der Eine-Welt-Arbeit und ähnlichen Gebieten sehr wichtig ist (Diagramm 3 a,b).

Die Antworten auf die Frage nach den Erwartungen der Teilnehmer vom Baukurs fielen bei beiden Gruppen vorwiegend in die Kategorie des Lerneffektes. Mit der Erwartung, im Baukurs etwas nützliches zu lernen, gingen 50% der Jugendlichen und 60% der jungen Erwachsenen in den Baukurs. Der Begriff 'Lerneffekt' fasst in diesem Zusammenhang das Sammeln neuer Erfahrungen, den Erhalt von Informationen zum Thema und das Erzielen brauchbarer Arbeitsergebnisse zusammen. Von den Jugendlichen gab ein Vertel den Spaßfaktor als Erwartung an den Kurs an; bei den jungen Erwachsenen wurde dies nur von 7 % angegeben (Diagramm 4 a,b).

Ein für beide Gruppen nicht zu vernachlässigender Aspekt ist der Umweltschutzgedanke, der von zwei Teilnehmern (in jeder Gruppe einem) sogar mit dem Anspruch, die Welt retten zu wollen, formuliert wurde. Diese Formulierung lässt zumindest ansatzweise besondere Ambitionen der betreffenden Teilnehmer erkennen, sich im Rahmen der individuellen Möglichkeiten für eine Verbesserung der allgemeinen Lebenssituation in der Welt einzusetzen. Ähnlich lässt sich die angegebene Erwartung 'praktischer Nutzen' interpretieren, deren Anteil bei den Jugendlichen 12,5 % und bei den Erwachsenen 18 % betrug. Dieser Aspekt ist für beide Gruppen als gleichermaßen wichtig zu erkennen, wenngleich er nicht oberste Priorität hatte.

Kreatives Arbeiten und Pflege internationaler Beziehungen wurden als Erwartungen nur von den Erwachsenen angegeben, was auf die verschiedenen sozialen Hintergründe der Baukurse zurückzuführen ist.

Die Frage nach einer vorherigen Beschäftigung mit dem Thema 'erneuerbare Energien' wurde von 75% der Jugendlichen und von 72.4% der Erwachsenen mit 'ja' beantwortet. Ein jugendlicher Kursteilnehmer hatte bereits im Rahmen eines Schulprojektes einen Solarkocher gebaut. Ein Zusammenhang mit dem anteilig großen thematischen Interesse liegt nahe, konnte aber anhand der Fragebögen nicht eindeutig nachgewiesen werden.

Der Fragebogen, der nach Ende des jeweiligen Baukurses ausgefüllt wurde, gab den Teilnehmern Gelegenheit eine persönliche Rückmeldung zum Kurs und zum Kursleiter zu geben, umfasste jedoch auch Fragen zum Einfluss des Kurses auf die Zukunftsplanung der Teilnehmer.

Der Fragebogen erfasste mit seiner ersten Frage, ob der Baukurs die Erwartungen des jeweiligen Teilnehmers erfüllt hat. Diese Frage wurde von keinem der Teilnehmer mit 'nein' beantwortet. Diese Tatsache kann als eindeutiger Erfolg des Konzepts bei den durchgeführten Baukursen interpretiert werden. Lediglich zwei der teilnehmenden Jugendlichen setzten ein Kreuz zwischen die Felder für 'ja' und 'nein', was als Beantwortung der Frage mit 'unsicher' bewertet wird. Diese Antworten wurden mit fehlendem Bezug zum Umweltschutz bzw. mit der Erwartung, dass verschiedene Kocher-Modelle gebaut würden, erläutert.

Die Frage, was den Teilnehmern am Baukurs gefallen hat, wurde vielfältig beantwortet, ebenso die Frage nach den negativ aufgefallenen Aspekten. Diese Aspekte lassen sich zu Kategorien

- Energie- und Umweltaspekte

- praktische Aspekte

- soziale Aspekte

- didaktisch-pädagogische Aspekte

- technische Aspekte

- sonstige Aspekte

zusammenfassen, so dass die Darstellung im Diagramm relativ übersichtich ist (Diagramm 5 a,b).

Die Kategorie 'Energie- und Umweltaspekte' umfasst im Wesentlichen den Ressourcen schonenden Umgang mit Energie, den ein Solarkocher prinzipiell ermöglicht und was als eines der Ziele seines Einsatzes ist. Unter 'praktische Aspekte' sind der im Gegensatz zum schulischen Unterricht hohe Anteil an praktisch-handwerklicher Aktivität so wie auch der Umgang mit den Materialien und deren Verarbeitung erfasst, ebenso die Gelegenheit der handwerklichen Betätigung. Da der praktische Aspekt ein Bestandteil der ästhetischen Dimension von Vermittlung ist, kommt ihm eine große Bedeutung zu. Zu den 'didaktisch-pädagogischen Aspekten' zählen Kreativität im Sinne der Möglichkeit des kreativen Arbeitens, die der Baukurs bietet, und didaktische Vorgehensweise im Rahmen des gesamten Kurses. Der Begriff 'soziale Aspekte' beschreibt hauptsächlich Zusammenarbeit und Kommunikation in der Gruppe. Die Neuheit der Konstruktion des Kochers und die Vergleiche mit industriellen Techniken sind zur Kategorie 'technische Aspekte' zusammengefasst (Diagramm 5a).

Die von den Befragten negativ angenommenen Aspekte wurden in die Kategorien

- soziale

- didaktische

- technische und praktische

- sonstige

Aspekte unterteilt. Bemängelt wurde von den Teilnehmern unter anderem die schlechte Verarbeitbarkeit einiger Materialien, wie der Rettungsdecke, die sich nur sehr schwer ohne Einrisse schneiden lässt. Zwei der Kursteilnehmer in Hilbeck waren sich bei der Befragung nicht sicher, ob der Kocher überhaupt funktioniert. Diese Vermutung ist sehr wahrscheinlich der instabilen Wetterlage am Tag der Kursdurchführung geschuldet. Als weiterer Kritikpunkt wurde der hohe Anteil an Abfall genannt, der zwangsläufig durch das Ausprobieren verschiedener Platzierungsschemata der Wellpappbögen auf der Rettungsdecke entstanden. So kritisierte eine Teilnehmerin in Hilbeck, dass beim Bau der Kocher viel Abfall entstanden sei. Diese Kritik ist berechtigt, denn dies ist ein Nachteil des Low-Cost-Konzepts. Fast jede Maßnahme zur Vermeidung von Abfällen be der

Herstellung würde die Kosten deutlich steigern, da z. B. Die Materialien mit den entsprechenden Abmessungen angefertigt oder teurere Materialien eingesetzt werden müssten. Einer der Jugendlichen bezeichnete das Schneiden der Rettungsdecke als anstrengend. Dies hat dazu geführt, dass in der Bauanleitung für den Kocher empfohlen wird, die ersten zwei Arbeitsschritte zu vertauschen (siehe Abschnitt 2.2.). Als einer der sozialen Aspekte wurde von einem jugendlichen Kursteilnehmer angemerkt, dass nicht alle Teilnehmer gleichermaßen intensiv mitgearbeitet haben. Dies ist wahrscheinlich auf ein uneinheitlich ausgeprägtes handwerkliches Geschick der Teilnehmer zurückzuführen. Die Gruppengröße wurde von zwei der jungen Erwachsenen beanstandet. Da 28 Kursteilnehmer auf vier Gruppen verteilt werden mussten, ergaben sich entsprechend große Gruppen. Ursprünglich war eine Aufteilung der Teilnehmer in sechs Gruppen vorgesehen, was organisatorisch jedoch nicht realisierbar war (Diagramm 5b).

Mit der nächsten Frage wurde die Resonanz auf das Auftreten des Kursleiters erfasst. Weil diese Frage spezielle Aspekte (Items) umfasst, die für jeden Kursteilnehmer relevant sind, wurde zum Erfassen der Antworten die Likert-Skala benutzt.

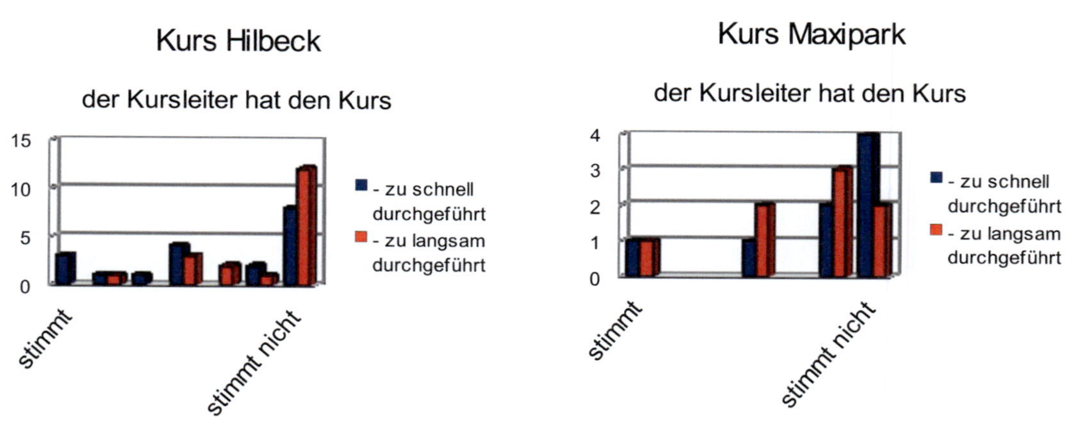

Die jugendlichen Teilnehmer bestätigten zu 98%, dass der Kursleiter gut vorbereitet war und gute Erklärungen gab. Zu 93% wurde bestätigt, dass der Kursleiter angemessen auf die Belange der Teilnehmer einging. Die Aussage, dass der Kurs im richtigen Tempo durchgeführt wurde erhielt dagegen mit 80% bzw. 73% etwas weniger Zustimmung. Diese Werte lassen erkennen, dass die didaktische und pädagogische Konzeption des Baukurses insgesamt optimal umgesetzt wurde. Die geringfügig niedrigeren Werte bezüglich des Tempos der Durchführung resultieren sehr wahrscheinlich daraus, dass die teilnehmenden Jugendlichen Schulen verschiedener Formen besuchen und daher jeder an ein individuelles Unterrichtstempo gewöhnt ist. Eine individuelle Anpassung des Unterrichtstempos ist prinzipiell möglich, erfordert jedoch eine entsprechend umfangreiche Planung und adäquate Räumlichkeiten, die für den aktuellen Baukurs nicht zur Verfügung standen.

Die Befragung der jungen Erwachsenen im Rahmen des Baukurses in Hilbeck ergab im Vergleich zur Befragung der Jugendlichen leicht abweichende Werte, was einerseits mit der höheren Teilnehmerzahl zu erklären ist, andererseits mit der Tatsache, dass die Gruppe der Erwachsenen mehr Faktoren von Verschiedenheit aufweist als die Gruppe der Jugendlichen. Bei der Gruppe Hilbeck waren nicht nur mehr verschiedene Schulformen zu berücksichtigen, sondern auch eine größere Vielfalt an erlebten Unterrichtsstilen, Unterschiede in Ausbildung, beruflicher Tätigkeit und Lebenskonzept. Darüber hinaus müssen auch unterschiedliche kommunikative Fertigkeiten der Teilnehmer in der englischen Sprache berücksichtigt werden.

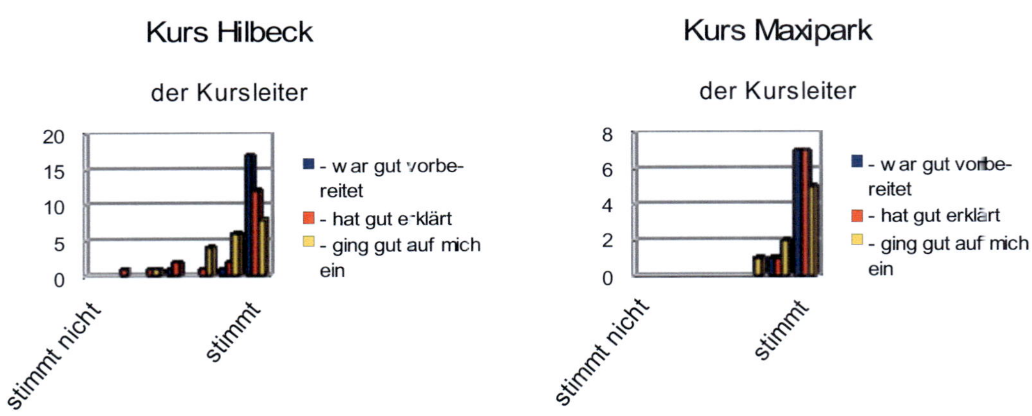

Die genannten Faktoren haben Auswirkungen auf die Aufnahmeleistung des Gehirns und auf die Fähigkeit jedes einzelnen Menschen, fachliche Inhalte zu reproduzieren. Dies und auch die hohe Teilnehmerzahl kann als Erklärung dafür herangezogen werden, dass die Kursteilnehmer den Aussagen 'Der Kursleiter hat gut erklärt' und '...ging gut auf mich ein' nur zu jeweils 86% zustimmten.

Auch bei einem Kurs mit einer derartigen Zielgruppe ist eine Binnendifferenzierung erreichbar, die jedoch einen noch größeren Aufwand in Vorbereitung und Planung erfordert. Die Durchführung eines binnen-differenzierten Solarkocher-Baukurses würde sich ebenfalls umfangreicher gestalten, was unter anderem zur Folge hätte, dass der Kurs sich über mehrere Tage erstrecken würde.

Die Teilnehmer der Baukurse wurden nach Auswirkungen des Baukurses auf ihren Beruf bzw. Berufswunsch befragt.

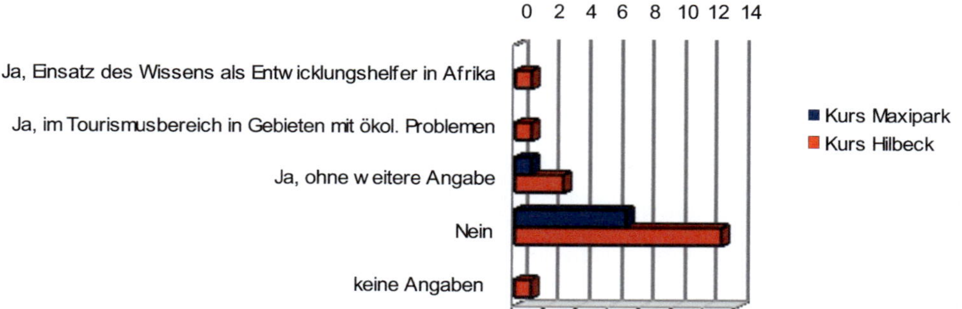

Diese Frage wurde sowohl von den Jugendlichen als auch von den Erwachsenen zum größten Teil mit 'nein' beantwortet. Von den insgesamt fünf Erwachsenen, die diese Frage mit 'ja' beantworteten, gaben zwei an, in welcher Hinsicht der Kurs ihre berufliche Perspektive beeinflusst hat. Eine Soziologie-Studentin strebt eine Tätigkeit als Entwicklungshelferin in Afrika an und beabsichtigt, ihr im Baukurs erworbenes Wissen bei dieser Arbeit einzusetzen. Ein Touristik-Student betrachtet das Thema als positive Bereicherung für sein Studium, da einige Studieninhalte sich unter anderem mit ökologischen Problemstellungen beschäftigen. Weitere drei erwachsene und ein jugendlicher Baukursteilnehmer kreuzten nur 'ja' an, gaben jedoch keine weitere Erklärung. Als Bestandteil eines Berufsberatungsangebotes eignet sich der Solarkocher-Baukurs gemäß der vorliegenden Erhebung nur bedingt; das Konzept müsste entsprechend umstrukturiert werden.

Eine besonders wichtige Frage betrifft die Multiplikatorfunktion. Die Kursteilnehmer wurden gefragt, ob sie sich zutrauen, die im Baukurs vermittelten Inhalte weiter zu vermitteln. Von den Jugendlichen trauen sich dies laut Erhebung 75%, einer traut es sich nicht zu und einer ist sich dessen nicht sicher. Bei den erwachsenen Kursteilnehmern beträgt die Quote der potentiellen Multiplikatoren 100%.

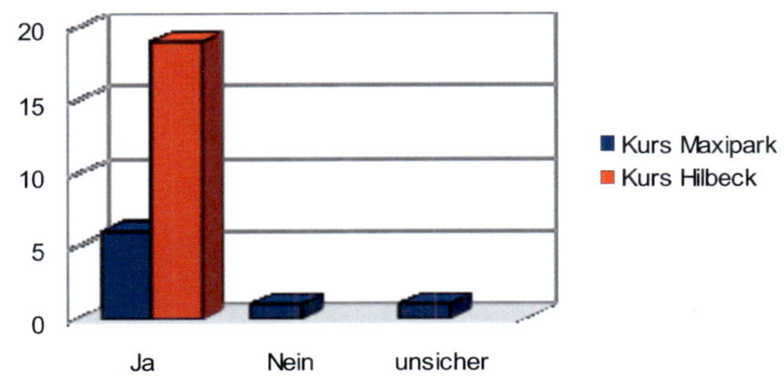

Dieses Resultat ist eindeutig als Erfolg der durchgeführten Solarkocher-Baukurse zu deuten. Für die Wahrnehmung einer Funktion als Multiplikator von Wissen und Kenntnissen und insbesondere von Ideen ist zwar auch, jedoch nicht in erster Linie der fachliche Inhalt selbst, sondern die Motivation, also die Bereitschaft, relevant. Das Bewusstsein der Teilnehmer für diese Bereitschaft zu stimulieren war eines der Ziele des Baukurses.

Ein im Zusammenhang mit der Multiplikation interessanter Aspekt ist auch die Akzeptanz des didaktischen Konzepts im schulischen Unterricht bzw. in beruflicher Aus- und Weiterbildung und im Studium. Generell dominiert die Akzeptanz gegenüber der Ablehnung. Überraschenderweise ist der Anteil bei den Jugendlichen geringer als bei den Erwachsenen. Da Schüler im Allgemeinen den regulären Unterricht als eintönig bezeichnen, wurde bei den Jugendlichen eine einstimmige Akzeptanz erwartet.

Da eine Multiplikatorfunktion unter anderem auch eine gewisse Sicherheit in der Handhabung des Kochers voraussetzt, wurden die Baukursteilnehmer auch zu ihren eigenen Anwendungen des Solarkochers befragt.

Von den Jugendlichen gaben 75% die experimentelle Verwendung des Kochers an; ein anderer Jugendlicher gab an, den Kocher zum Reinigen von Wasser zu benutzen, ein Weiterer machte keine Angabe. Besonders interessant ist die Tatsache, dass einer der jugendlichen Kursteilnehmer diese Frage wahrscheinlich als Teil einer abschließenden Überprüfung betrachtete und die Frage mit 'kann ich nicht erklären, aber ich weiß es' beantwortete. Bei den Erwachsenen ergab sich ein gemischtes Spektrum an Antworten auf diese Frage. Hierbei ist erkennbar, dass der praktischen und der experimentellen Benutzung des Solarkochers eine gleichermaßen große Bedeutung beigemessen wird.

Zwei Teilnehmer gaben an, den im Kurs gebauten Kocher als Vorlage zum Bau weiterer Kocher in ihrem Heimatland zu verwenden (Diagramm 9).

Für die Multiplikation ebenso wichtig ist die Kenntnis der Funktionsweise des Kochers. Daher wurden die Kursteilnehmer abschließend auch nach ihrem Verständnis der Funktionsweise befragt. Diese Frage wurde ausnahmslos mit 'ja' beantwortet, ein Kursteilnehmer in Hilbeck kreuzte jedoch zusätzlich den Punkt 'Isolation' an, obwohl diese Punkte nur im Falle des Unverständnisses angekreuzt werden sollten.

4. Fazit

Im Rahmen der vorliegenden Arbeit wurde ein Solarkocher entwickelt, der einfach konstruiert und somit ohne all zu großen Aufwand zu bauen ist und aus Materialien besteht, die einfach zu beschaffen und nicht teuer sind. Darüber hinaus wurde für diesen Solarkocher ein Baukurs konzipiert, der es ermöglichen soll, den Bau des Kochers in sehr kurzer Zeit zu erlernen.

Die durchgeführten Untersuchungen zeigen, dass es sehr wichtig ist, vor allem junge Menschen an die erneuerbaren Energien heranzuführen und dass ein Solarkocher-Baukurs eine dafür geeignete Methode ist. Es stellte sich eine geschlechtsspezifische Ungleichverteilung des allgemeinen Interesses am Thema 'erneuerbare Energien' heraus, das heißt, dass der Anteil an männlichen Interessenten höher war als der der weiblichen. Dies fällt besonders bei der Statistik der jugendlichen Teilnehmer auf, die ausschließlich männlich waren. Die Verteilung der Berufsgruppen, deren Erfassung nur bei den erwachsenen Kursteilnehmern relevant ist, war fast homogen.

Vielseitig waren auch die Beweggründe für die Teilnahme an einem Solarkocher-Baukurs, wobei sich abzeichnete, dass der Wunsch, etwas neues zu lernen, hier den Schwerpunkt bildete. Entgegen jeder Erwartung spielte der Spaßfaktor eine untergeordnete Rolle. Dass zwei Kursteilnehmer die Motivation hatten, die Welt retten zu wollen, zeigt besonders deutlich die Aktualität des Themas sowie die Notwendigkeit, Menschen mit solchen Ambitionen eine Möglichkeit zu geben, praktisch aktiv zu werden.

Ein anderer Untersuchungsgegenstand der Arbeit ist der Einfluss des Solarkocher-Baukurses auf Berufswunsch bzw. berufliche Perspektive der Teilnehmer. Obwohl eine entsprechende Beeinflussung nur von 18 % der befragten Erwachsenen und von 12,5 % der Jugendlichen angegeben wurde, erweist sich der Baukurs als denkbare Maßnahme, junge Menschen für Berufe auf Gebieten der Technologie erneuerbarer Energien, der Entwicklungshilfe oder der Eine-Welt-Arbeit zu begeistern und ihnen neue Wege des Berufslebens aufzuzeigen.

Ein besonders wichtiges Ergebnis der Untersuchung jedoch ist, dass nach der Teilnahme am Baukurs fast jeder Befragte sich zutraute, die Inhalte des Kurses weiter zu vermitteln. Da dieser Rolle des Multiplikators eine sehr große Bedeutung zukommt, belegen die Resultate der Frage, ob der jeweilige Teilnehmer sich dies zutraue, eindeutig den Erfolg des Kurskonzepts.

Für mich selbst ist die gesammelte Erfahrung sehr nützlich, da ich eine berufliche Tätigkeit auf dem Gebiet der Entwicklungszusammenarbeit anstrebe und mein Schwerpunkt der Einsatz erneuerbarer Energien in Entwicklungsländern ist. Ich habe festgestellt, dass es kein all zu großes Problem darstellt, Jugendliche unter Aufsicht auch mit Werkzeugen, von denen ein Verletzungsrisiko ausgeht (z. B. Cuttern), arbeiten zu lassen.

Bei den Fragebögen ist es nützlich, eine Codierung zu benutzen, die jeder Befragte nach einem bestimmten Schema selbst wählt und die es ermöglicht, den vor Kursbeginn ausgefüllten dem nach Kursende ausgefüllten Fragebogen des gleichen Befragten zuzuordnen. Dies ermöglicht eine präzisere Auswertung z. B. in Bezug auf die Erfüllung der Erwartungen eines Kursteilnehmers.

Eine weitere Erkenntnis ist, dass Jugendliche eine höhere Tendenz zum Experimentieren haben und weniger oft nachfragen als Erwachsene. Dies erfordert eine verstärkte Beaufsichtigung durch den Kursleiter.

Ist für die Durchführung eines Kurses eine Fremdsprache vorgesehen, empfiehlt es sich, diese vorher aufzufrischen, um ein flüssiges Sprechen zu gewährleisten.

Technische Probleme bei der Durchführung der Kurse ergaben sich insofern, als dass die benutzte Reflektorfolie (Rettungsdecke) beim Schneiden leicht einreißt. Dieses Problem wurde umgangen, indem die ersten zwei Arbeitsschritte vertauscht wurden, die Folie also vor dem Schneiden der Wellpappe aufgeklebt wurde. Des Weiteren stellte sich heraus, dass Sprühkleber besser geeignet ist als Flüssigkleber, da er einen deutlich geringeren Verbrauch ermöglicht.

5. Ausblick

Das solare Kochen ist ein interdisziplinäres Themengebiet, dass nicht nur viel Potential für wissenschaftliche Forschung und praktisches Handeln bietet, sondern weltweit immer mehr Interesse weckt. Dies ist besonders wichtig im Hinblick auf die Relevanz dieses Themenfeldes für den globalen Umwelt- und Klimaschutz. Die Benutzung von Solarkochern an Stelle von Holz- oder Kohleöfen ist eine von vielen adäquaten Maßnahmen zur Minderung des weltweiten CO_2-Ausstoßes. Auch wenn bereits sehr viele Solarkocher weltweit im Einsatz sind und deren Zahl stetig steigt, ist auf diesem Gebiet noch sehr viel zu tun und dem gemäß ein großes Potential vorhanden.

Ich beabsichtige, das Thema der vorliegenden Arbeit weiter zu entwickeln, wobei die Fortsetzung bereits vorbereitet wird. Daher strebe ich eine Tätigkeit in verschiedenen Projekten im Bereich der Entwicklungszusammenarbeit an.

Für die fachdidaktischen Aspekte bietet diese Arbeit einen möglichen Anknüpfungspunkt für weitere Studienabschlussarbeiten. So bietet sich an, die bisher noch nicht vorhandene Binnendifferenzierung in den Baukurs zu integrieren und das neue Konzept zu erproben.

Ebenfalls interessant wären Planung, Durchführung und Auswertung eines Solarkocher-Baukurses als Schulprojekt.

Zusammenfassend ist zu sagen, dass auf dem Gebiet des solaren Kochens immer wieder Tätigkeitsbereiche für Berufseinsteiger offen stehen und dass gute Chancen und das Potential bestehen, das solare Kochen als ein neues Berufsfeld zu etablieren.

6. Anhang

6.1. Abbildungen

Abb. 1: Solarkocher SK 14

Abb. 2: Solarkocher Papillon

Abb. 3: Trichterkocher

Abb. 4: Solarkocher LAZOLA 3

Abb. 5: selbstgebauter Solarkocher, Baukurs Maxipark

Abb. 6: das Kochgefäß

Abb. 7: Baukurs Hilbeck

Abb. 8: Baukurs Hilbeck

46

Abb. 9: Baukurs Hilbeck, Verstärkung der Reflektorelemente mit Zweigen

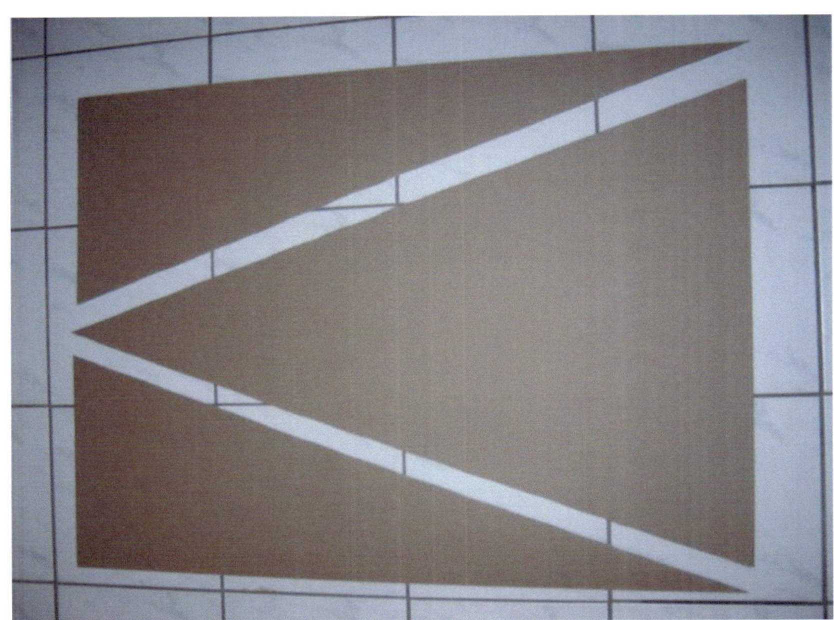

Abb. 10: die Schnitte der Wellpappebögen

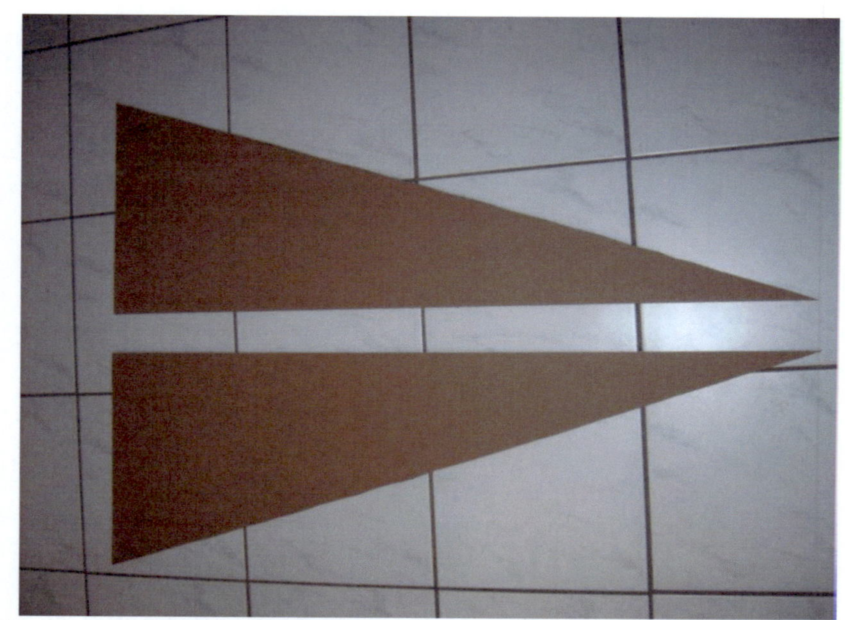

Abb. 11: zwei halbe Pappdreiecke

Abb. 12: Platzierung eines Pappdreiecks auf Rettungsdecke

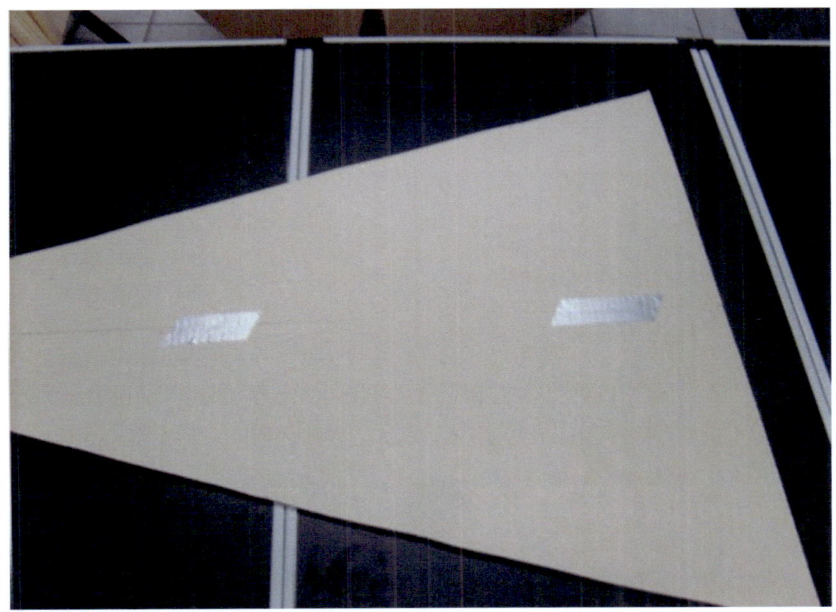

Abb. 13: Verbindung zweier halber Dreiecke

Abb. 14: Verbindung der Reflektorelemente

6.2. Diagramme

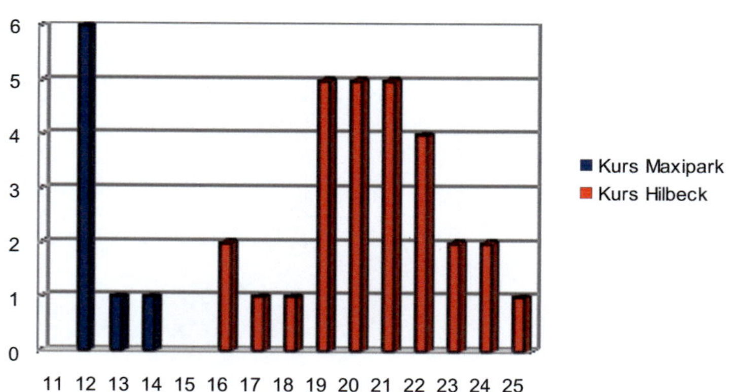

Diagramm 1

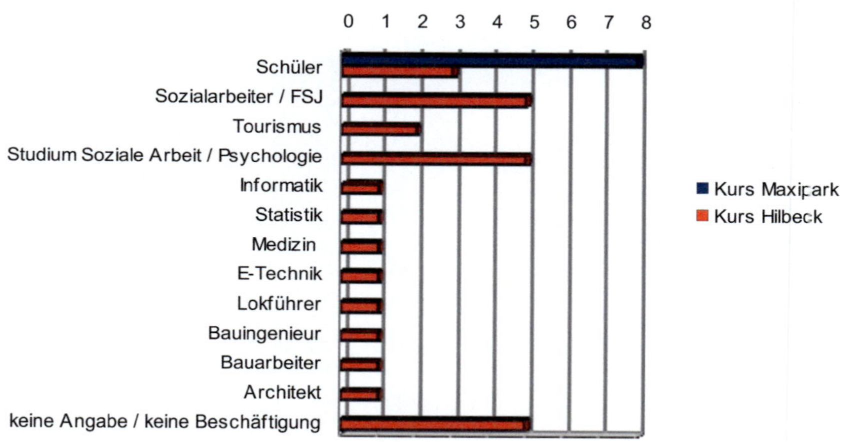

Diagramm 2

Gründe für die Teilnahme

Kurs Maxipark

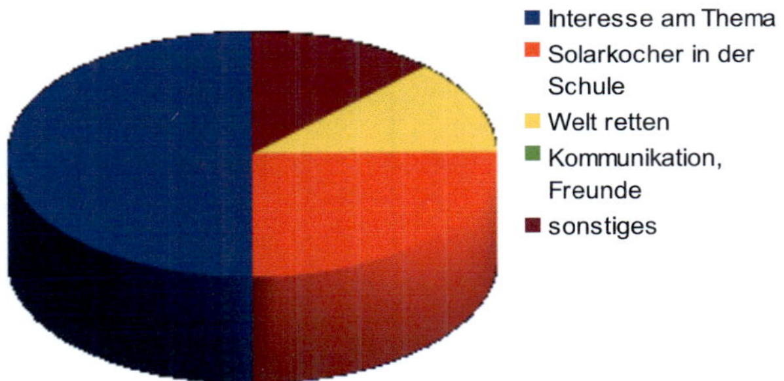

Diagramm 3a

Gründe für die Teilnahme

Kurs Hilbeck

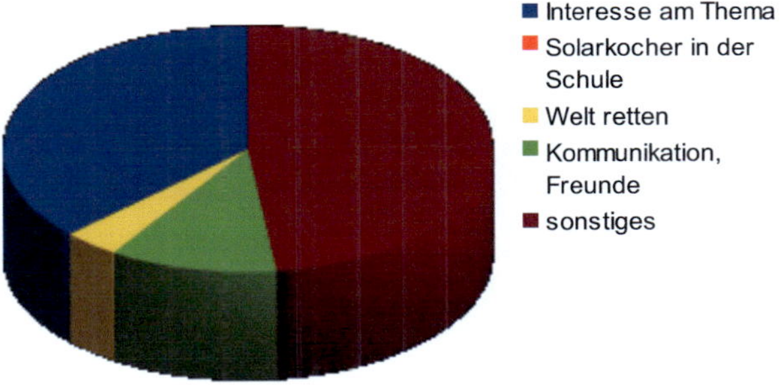

Diagramm 3b

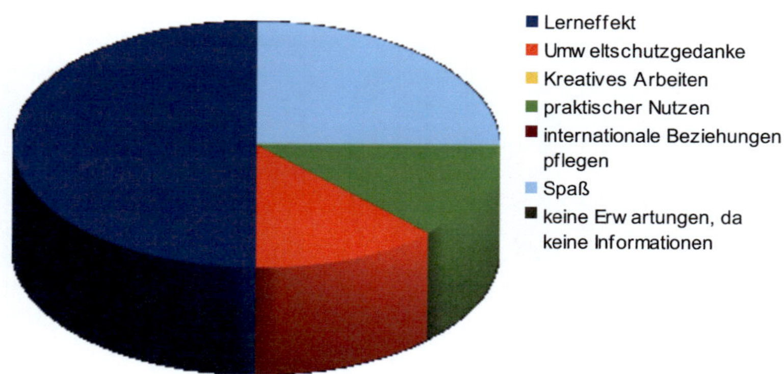

Diagramm 4a

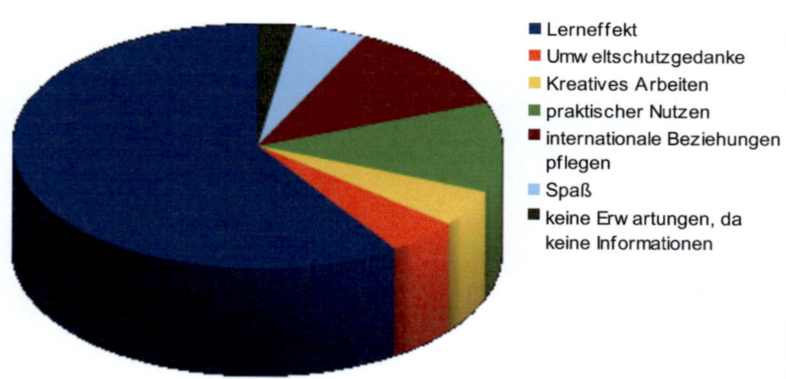

Diagramm 4b

Aspekte, die den Teilnehmern gefallen haben

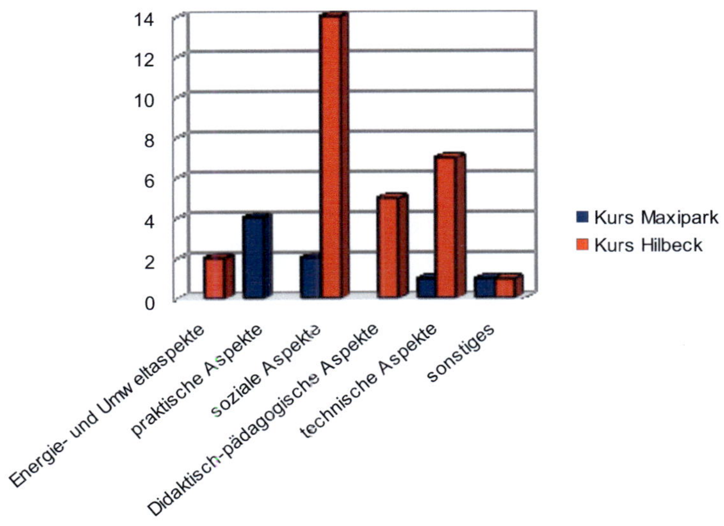

Diagramm 5a

Aspekte, die den Teilnehmern nicht gefallen haben

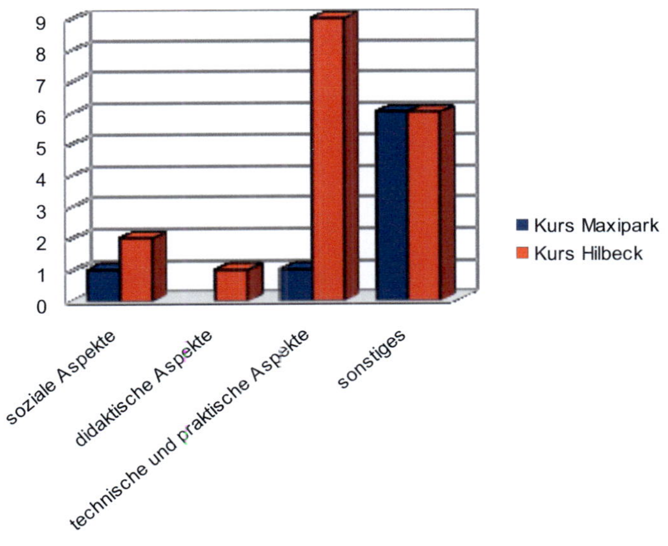

Diagramm 5b

Kurs Maxipark

der Kursleiter

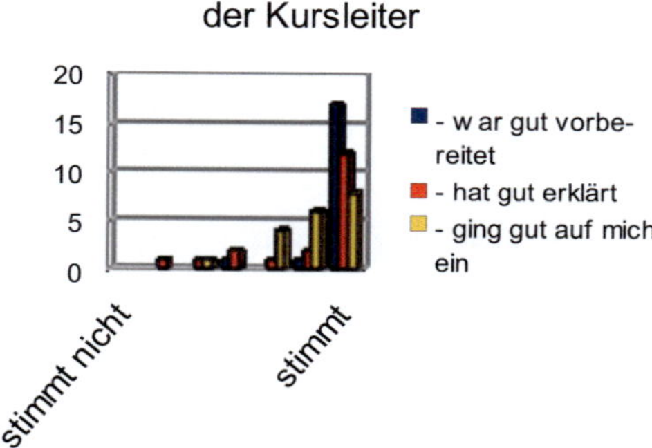

Kurs Maxipark

der Kursleiter hat den Kurs

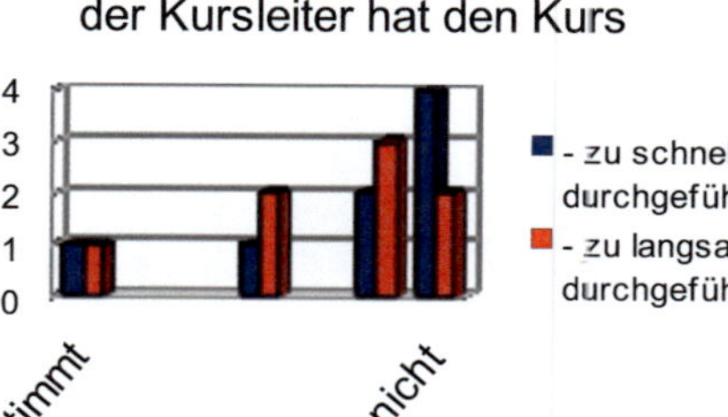

Diagramm 6 a,b

Kurs Hilbeck

der Kursleiter

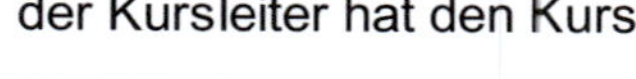

Kurs Hilbeck

der Kursleiter hat den Kurs

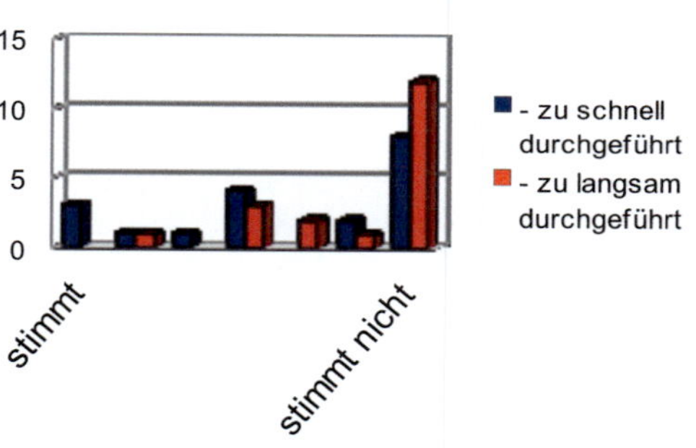

Diagramm 7 a,b

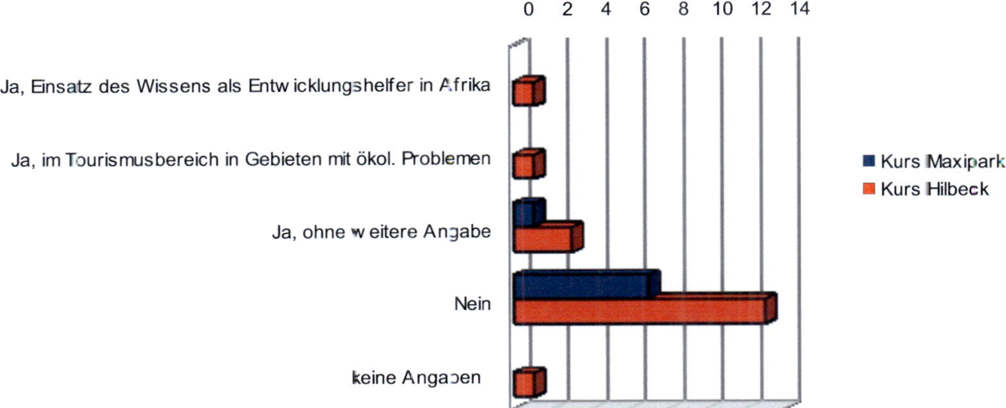

Diagramm 8

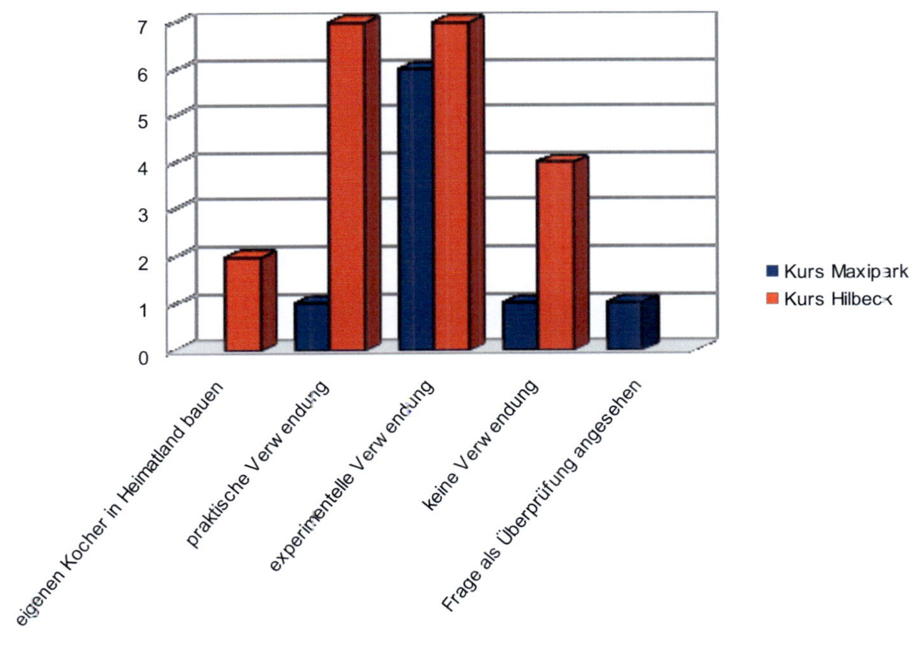

Diagramm 9

6.3. Fragebögen

- Fragebogen, vor Kursbeginn auszufüllen:

Solarkocher-Baukurs am 13.08.2010

Alter:______ **Jahre**

Geschlecht: ☐ m   ☐ w

Was hat dich dazu bewegt, an diesem Solarkocher-Baukurs teilzunehmen?

Welche Erwartungen hast du an diesen Kurs?

Hast du dich schon einmal mit dem Thema 'erneuerbare Energien' beschäftigt?

- Fragebogen, nach Kursende auszufüllen:

Solarkocher-Baukurs am 22.08.2010

Alter:______ **Jahre**

Geschlecht: ☐ m   ☐ w

Hat der Kurs deine Erwartungen erfüllt?
  ☐ ja
  ☐ nein
Wenn nein: Warum nicht? Was hat gefehlt? Was kann man besser machen?

Was hat dir gut gefallen?

Was hat dir nicht gefallen?

Der Kursleiter	stimmt						stimmt nicht
war gut vorbereitet	☐	☐	☐	☐	☐	☐	☐
hat gut erklärt	☐	☐	☐	☐	☐	☐	☐
ging gut auf mich ein	☐	☐	☐	☐	☐	☐	☐
hat den Kurs zu schnell durchgeführt	☐	☐	☐	☐	☐	☐	☐
hat den Kurs zu langsam durchgeführt	☐	☐	☐	☐	☐	☐	☐

Hat der Baukurs deinen Berufswunsch beeinflusst?

☐ ja

☐ nein

Wenn ja, wie?

Würdest du dir zutrauen, anderen zu zeigen, wie man den Solarkocher baut?

☐ ja

☐ nein

Würdest du dir wünschen, dass in deiner Schule der Unterricht auch so oder ähnlich ablaufen würde wie der Baukurs?

☐ ja

☐ nein

Wie setzt du deinen Solarkocher ein?

Hast du verstanden, wie ein Solarkocher funktioniert?

☐ ja

☐ nein

wenn nein: was ist dir unklar?

☐ Umwandlung von Licht in Wärme

☐ wie das Sonnenlicht in das Innere des Kochers gelangt

☐ wie die Isolation funktioniert

☐ Sonstiges:____

7. Literaturverzeichnis

[1]   Bauer, Karl W. (1998): Grundkurs Literatur- und Medienwissenschaft. Primarstufe. 3.überarb. Und erw. Neuaufl. München: Fink [u.a.] (UTB für WissenschaftUni-Taschenbücher, 1690).

[2]   Behringer, Rolf; Götz, Michael (2008): Kochen mit der Sonne. Solar kochen und backen in Mitteleuropa. 1. Aufl. Staufen bei Freiburg: Ökobuch-Verl.

[3]   Deutsches Institut für Normung (1984): Strahlungsphysik im optischen Bereich und Lichttechnik; Benennung der Wellenlängenbereiche. In: DIN. 5031 Teil 7, 1984-01.

[4]   Hafner, Bernd (2002): Solarkocher. Grundlagen sowie praktische sozio-ökonomische und ökologische Betrachtungen. Münster-Sarmsheim: Süc-West-Information.

[5]   Halacy, Beth; Halacy, D. S. (1992): Cooking with the sun. La Fayette CA: Morning Sun Press.

[6]   Kircher, Ernst; Girwidz, Raimund; Häußler, Peter (2010): Physikdidakt k. Theorie und Praxis. 2. Aufl. Berlin: Springer (Springer-Lehrbuch).

[7]   Klein, Klaus; Oettinger, Ulrich (2000): Konstruktivismus. Die neue Perspektive im (Sach-)Unterricht. Baltmannsweiler: Schneider-Verl. Hohengehren.

[8]   Krämer, Paul (2003): Die Holzknappheit im Sahel und das Potential der Solarkocher. In: GAIA - Ecological Perspectives for Science and Society, Jg. 12, H. 3, S. 208–214.

[9]   Meyer, Hilbert (2009): Unterrichtsmethoden. 13. Aufl. Berlin: Cornelsen Scriptor.

[10]   Mikelskis, Helmut F (2006): Physik-Didaktik. Praxishandbuch für die Sekundarstufe I und II. 1. Aufl. Berlin: Cornelsen Scriptor.

[11]   Mikelskis-Seifert, Silke; Rabe, Thorid; Behrendt, Helga (2007): Physik-Methodik. Handbuch für die Sekundarstufe I und II. 1. Aufl. Berlin: Cornelsen Scriptor.

[12]   Staud, Toralf; Reimer, Nick (2007): Wir Klimaretter. So ist die Wende noch zu schaffen. Orig.-Ausg., 1. Aufl. Köln: Kiepenheuer & Witsch (KiWi KiWi-Paperback, 998).

[13]   Zentrum für Lehrerbildung (2006): Gestufte Studiengänge in der Lehrerbildung. an der Universität Dortmund. Studienbroschüre.

Der Autor

Torsten Schneider, Bachelor of Science, Jahrgang 1975, studierte Physik Chemie, Erziehungswissenschaften und Philosophie an den Universitäten Koblenz, Bonn und Dortmund. Fragen zu Energie und Umwelt bildeten wesentliche Schwerpunkte seines Studiums. Von 1999 bis 2003 arbeitete der Autor im Verein ÖKOSTADT Koblenz e. V. im Bereich Solarenergie mit und trug über das Thema 'Kochen mit der Sonne' zur Förderung des gesellschaftlichen Bewusstseins bezüglich der erneuerbaren Energien in Koblenz bei. Er entwickelte im Rahmen seiner Mitarbeit an einem generationenübergreifenden Wohnprojekt ein solartechnisches Beleuchtungskonzept. Der Autor sammelte während seines Studiums auch praktische Erfahrungen im Bereich des ökologischen Bauens. Um seine Fachkenntnisse im Bereich des solaren Kochens zu erweitern und zu vertiefen, engagiert sich der Autor bei der LAZOLA-Initiative zur Verbreitung des solaren Kochens in Paderborn und bietet darüber hinaus auch freie Solarkocherbaukurse an.